KALAIMANI SUBRAMANI
SHENKANI KRISHNASAMY
MUTHUKUMAR PALANISAMY

MANUAL DE ZOOLOGIA PRÁTICA AVANÇADA

KALAIMANI SUBRAMANI
SHENKANI KRISHNASAMY
MUTHUKUMAR PALANISAMY

MANUAL DE ZOOLOGIA PRÁTICA AVANÇADA

(CITOLOGIA, GENÉTICA E BIOLOGIA DO DESENVOLVIMENTO - CURSO DE LABORATÓRIO-II) Um programa de estudos revisto baseado na Universidade de Periyar

ScienciaScripts

Cover image: www.ingimage.com

This book is a translation from the original published under ISBN 978-620-6-77455-6.

Publisher:
Sciencia Scripts
is a trademark of
Dodo Books Indian Ocean Ltd. and OmniScriptum S.R.L publishing group

120 High Road, East Finchley, London, N2 9ED, United Kingdom
Str. Armeneasca 28/1, office 1, Chisinau MD-2012, Republic of Moldova, Europe
Printed at: see last page
ISBN: 978-620-8-33544-1

PREÂMBULO

O Manual Prático segue o âmbito e a sequência da maioria dos cursos principais em todo o país. Também se esforça por tornar a biologia celular, enquanto disciplina, interessante e acessível aos estudantes. Para além de uma cobertura abrangente dos conceitos fundamentais e da investigação fundamental, incorpora caraterísticas que atraem os estudantes para a disciplina de forma significativa.

Este manual prático fornece um conceito fundamental de biologia celular com um âmbito que é manejável tanto para instrutores como para estudantes; é com prazer que escrevo um breve prefácio a este maravilhoso manual preparatório sobre " **UM MANUAL DE ZOOLOGIA PRÁTICA AVANÇADA (CITOLOGIA, GENÉTICA E BIOLOGIA DO DESENVOLVIMENTO) (CURSO DE LABORATÓRIO-II).**" Agradeço aos autores por terem escolhido este capítulo do manual sobre conhecimentos práticos básicos de biologia celular, genética e biologia do desenvolvimento no aspeto de incluir o número de manuais disponíveis sob a forma de livro de mão, banco de perguntas para exames competitivos, etc., exceto para a comunidade estudantil, que dispõe de um número limitado deste livro preparatório.

Este manual pode ser útil para os alunos básicos e avançados de biologia celular. Este manual prático contém uma linguagem simples e fácil de compreender para um aluno básico. Este manual oferece um guia valioso para o intelectual. Este manual prático pode ajudar os professores a desenvolver uma visão partilhada e a compreensão dos conceitos básicos da biologia celular e das técnicas da biologia e as suas utilizações flexíveis em todas as disciplinas e níveis de ensino.

Este manual prático foi criado com vários objectivos em mente: acessibilidade, personalização e envolvimento dos alunos, ao mesmo tempo que incentiva os alunos a atingirem elevados níveis de formação académica. Tanto os professores como os alunos irão considerar que este manual preparatório oferece uma forte introdução à biologia celular num formato acessível.

Dr. X. Venci Candida,
Professor assistente de Zoologia,

Índice

RECONHECIMENTO

Os meus sinceros agradecimentos ao Cap. Dr. M. Nalini M, Sc., M.Phil., Ph.D., Diretor, J.K.K. Nataraja College of Arts and Science, Komarapalayam-638183, Namakkal D.t por ter concedido as facilidades para a realização deste trabalho manual.

Agradeço à Dra. S. Umavathi, M.Sc., Ph.D., professora assistente e diretora do departamento de zoologia do PG & Research, J.K.K. Nataraja College of arts and science, Komarapalayum, Namakkal Dt.

Os meus agradecimentos específicos à Dr.ª S.V.Ramesh, M.Com., M.Phil., Ph.D., professora assistente, PG &Research department of commerce, J.K.K. Nataraja college of arts and science, Kumarapalayum, Namakkal Dt. pela sua amável cooperação e encorajamento para completar este manual com sucesso.

Gostaria de expressar os meus profundos agradecimentos a todos os membros do pessoal do departamento de zoologia da PG & Research, J.K.K. Nataraja college of Arts and science, Komarapalayum, Namakkal Dt. Gostaria também de agradecer ao professor assistente do departamento de zoologia.

Os meus sinceros agradecimentos ao meu amigo Dr. K. Shenkani, M.Sc., M.Phil., Ph.D., SET., pela sua cooperação e encorajamento para completar este livro com sucesso.

O meu agradecimento especial ao Dr. C. Kandeepan, professor associado, diretor do Departamento de Zoologia, APAC, Palani. Por me ter ajudado de muitas maneiras a completar este livro com grande prazer.

Expresso o meu profundo sentimento em relação ao meu afetuoso pai, Sr. P. Subramani, sub-registrar, à minha mãe, Sra. S. Veerammal, e ao meu irmão, Sr. S. Velumani, assistente do departamento de registo, à minha mulher, Sra. V. N. Padma, assistente do departamento de impostos sobre as vendas, aos meus filhos, K. Deeptha dhayazhini e K. Mithun monish, a quem devo tudo pelos seus esforços dedicados e pelo seu encorajamento amoroso para concluir este livro com êxito.

Por último, mas não menos importante, gostaria de estender os meus sinceros agradecimentos a todos os meus amigos e familiares pela sua cooperação e apoio neste manual para alcançar o sucesso.

Dr. S. KALAIMANI

PRÁTICAS IMPORTANTES

1.1. PREPARAÇÃO E IDENTIFICAÇÃO DE LÂMINAS DE DIVISÕES MITÓTICAS COM PONTAS DE RAÍZES DE CEBOLA.

Objetivo

Estudar e demonstrar a mitose através da preparação da montagem de células da ponta de uma raiz de cebola.

Materiais necessários

- Microscópio composto
- Coloração de acetocarmina
- Água
- Queimador
- N/10 Ácido clorídrico
- Papel de filtro
- Folha de cobertura
- Álcool acético (ácido acético glacial e etanol na proporção de 1:3)
- Lâmina de vidro
- Casca de raiz de cebola
- Fórceps
- Lâmina
- Vidro de relógio
- Conta-gotas
- Agulha
- Frasco

Teoria da experiência

É devido às células meristemáticas que estão situadas na ponta das raízes que constituem a matéria-prima mais desejável e adequada para estudar as diferentes fases da mitose. A cebola é uma planta monocotiledónea. As plantas monocotiledóneas possuem cromossomas grandes que são claramente visíveis. Por isso, são utilizadas as pontas das suas raízes. O período de tempo necessário para a mitose varia, uma vez que depende do tipo de célula e do tipo de espécie.

Procedimento da experiência

- Colocar uma cebola num azulejo
- Com a ajuda de uma lâmina afiada, corte cuidadosamente as raízes secas da cebola
- Colocar os bolbos num copo com água para fazer crescer as pontas das raízes
- Pode demorar cerca de 4 a 6 dias para que as novas raízes cresçam e apareçam
- Aparar cerca de 3 cm das raízes recém crescidas e colocá-las num vidro de relógio
- Com a ajuda de uma pinça, transferi-lo para um frasco contendo álcool acético recentemente preparado, ou seja, uma mistura de ácido acético glacial e etanol na proporção de 1:3

- Deixar as pontas das raízes permanecerem no frasco durante um dia inteiro
- Com a ajuda de uma pinça, apanhar uma raiz e colocá-la numa nova lâmina de vidro
- Com a ajuda de um conta-gotas, deixar uma gota de HCl N/10 entrar em contacto com a ponta da raiz. Adicionar também cerca de 2 a 3 gotas da coloração de acetocarmina
- Aquecer ligeiramente no fogão, de modo a que a nódoa não seque
- As manchas excessivas podem ser cuidadosamente tratadas com papel de filtro
- A parte mais manchada da ponta da raiz pode ser aparada com a ajuda de uma lâmina.
- Deitar fora a parte menos manchada, mantendo a secção mais manchada
- Adicionar uma gota de água
- Com a ajuda de uma agulha, pode ser montada uma lamela
- Bater suavemente na lamela com a extremidade não afiada de uma agulha para que o tecido meristemático da ponta da raiz presente sob a lamela seja esmagado corretamente e se endireite como uma fina camada de células
- A lâmina das células da ponta da raiz da cebola está agora preparada e pronta a ser examinada para detetar as diferentes fases da mitose
- Observar e estudar a mitose colocando a lâmina sob o microscópio composto. Focar conforme desejado para obter uma imagem nítida e clara.

Observações e conclusões

- A lâmina que contém as células coradas da extremidade da raiz é colocada na platina do microscópio composto, as alterações que ocorrem são anotadas e desenhadas.
- As diferentes fases da mitose, como a prófase, a metáfase, a anáfase e a telófase, podem ser observadas.

Fases da mitose

1. **Prófase**

- O processo de mitose é iniciado nesta fase, em que ocorre o enrolamento e o engrossamento dos cromossomas
- Ocorre a contração e, consequentemente, o desaparecimento do nucléolo e da membrana nuclear
- A fase atinge o seu estado final quando um conjunto de fibras se organiza para formar as fibras do fuso

2. **Metáfase**

- Nesta fase, os cromossomas tornam-se espessos. As duas cromátides de cada um dos cromossomas parecem distintas
- Cada um dos cromossomas está preso às fibras do fuso situadas no seu controlador
- Os cromossomas alinham-se na linha central da célula

3. **Anáfase**

- Cada um dos pares de cromatídeos desprende-se do centrómero e aproxima-se da outra extremidade da célula através da fibra do fuso
- Nesta fase, ocorre a compressão da membrana celular no centro

4. **Telófase**

- Os cromatídeos atingiram a outra extremidade da célula
- O desaparecimento dos fusos
- As fibras de cromatina são formadas em resultado do desenrolamento dos cromossomas filhos
- O aparecimento de dois núcleos filhos nas extremidades opostas devido à reforma do nucléolo e da membrana nuclear
- Nesta fase, pode também ocorrer a divisão da célula ou citocinese

Após a mitose, a fase seguinte é designada por interfase, que é a parte do ciclo celular que não se divide e que se situa entre duas divisões celulares consecutivas. Uma célula passa a maior parte da sua vida na interfase. Compreende as fases G1, S e G2.

FONTE DO VÍDEO : https://youtu.be/5-ur7bWqlDQ

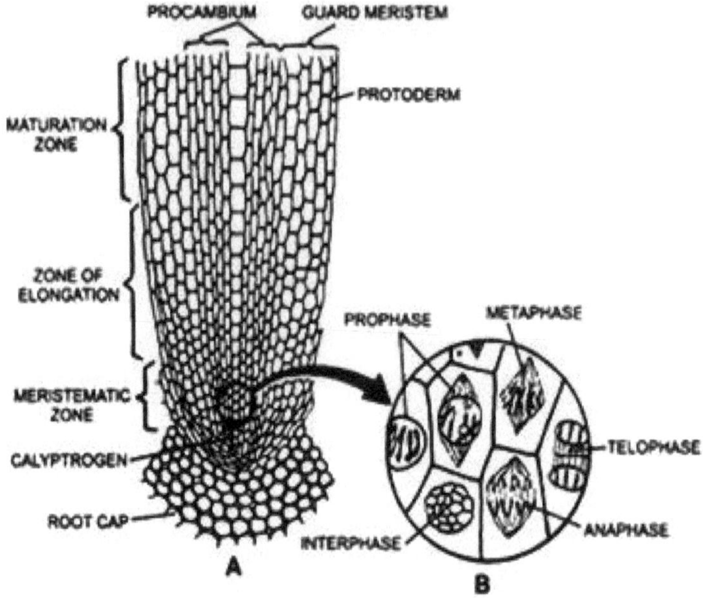

PONTAS DE RAÍZES DE CEBOLA.

1.2. PREPARAÇÃO E IDENTIFICAÇÃO DAS DIFERENTES FASES DA MEIOSE NOS TESTÍCULOS DE GAFANHOTOS.

Objetivo

Preparar e identificar as diferentes fases da meiose nos testículos do gafanhoto.

Materiais necessários:

- Gafanhoto macho
- Solução salina para insectos (0,67% NaCl)
- fixador de aceto-etanol 1:3
- Etanol a 70% e 90%
- Coloração com acetocarmina a 2%
- 45% de ácido acético
- Deslizar
- Vidro de cobertura
- Cera de selagem ou verniz para unhas

Procedimento:

1. **Dissecação do gafanhoto:**

- Cloroformizar ou eterizar o gafanhoto.
- Dissecar os testículos num tabuleiro de dissecação com água salina.
- Localizar os testículos em posição dorsal na metade anterior do abdómen.
- Identificar os testículos pelo tecido adiposo amarelo-alaranjado que os cobre.
- Retirar os testículos e colocá-los numa placa de Petri em solução salina.

2. **Fixação:**

- Fixar os testículos numa solução de aceto-álcool (1:3 de ácido acético glacial: etanol) durante pelo menos 24 horas.

3. **Coloração:**

- Corar os testículos fixados com acetocarmina (solução a 1% de carmim em ácido acético a 45%) ou aceto-orceína (solução a 1% em ácido acético a 45%).

4. **Preparação da abóbora:**

- Cortar os testículos em pequenos pedaços e colocá-los numa lâmina de vidro.
- Adicionar uma ou duas gotas do corante à lâmina.
- Cobrir a lâmina com uma lamela, assegurando que não se formam bolhas de ar.
- Aquecer ligeiramente a lâmina para ajudar a coloração a penetrar no tecido.
- Remover o excesso de corante dos lados da lamela, pressionando o material com a ponta do dedo.

Observação:

- Utilizar um microscópio composto para observar as fases da meiose na preparação de abóbora.
- Identificar as diferentes fases da meiose, incluindo:
- Interfase I: Preparação para a divisão meiótica.
- Prófase I: Os cromossomas condensam-se e permanecem intimamente associados.
- Metáfase I: Os cromossomas homólogos alinham-se na placa equatorial.
- Anáfase I: Os pares homólogos separam-se.
- Telófase I: Formam-se duas células filhas.
- Interfase II: Breve interfase antes da meiose II.
- Prófase II: Os cromossomas condensam-se, o invólucro nuclear desintegra-se.
- Metáfase II: As cromátides irmãs alinham-se na placa equatorial.
- Anáfase II: As cromátides irmãs separam-se.
- Telófase II: Os cromossomas chegam aos pólos opostos, forma-se o invólucro nuclear.

Inferência

- Os gafanhotos são adequados para o estudo da meiose devido à sua disponibilidade, aos cromossomas relativamente grandes e ao número reduzido de cromossomas (2n = 23; sistema de determinação do sexo XO).
- Os quiasmas são claramente visíveis durante a diplóteno e a diacinese, facilitando o estudo do crossing-over.

FASES DA MEIOSE NOS TESTÍCULOS DE GAFANHOTOS.

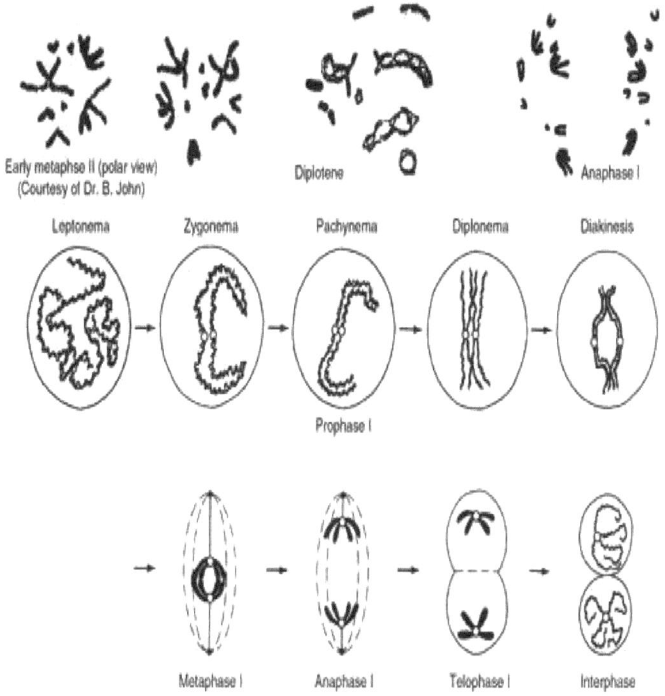

1.3. MONTAGEM DA PREPARAÇÃO DO EPITÉLIO BUCAL (CORPO DE BARR) .

Objetivo

Para preparar e montar uma lâmina para observar os corpos de Barr em células epiteliais bucais

Materiais necessários:

- Coloração com azul de metileno
- Lâmina de vidro
- Vidro de cobertura
- Cera de selagem ou verniz para unhas

Procedimento:

1. **Preparar o diapositivo:**

- Pegar numa lâmina de vidro limpa.
- Colocar uma gota de água no centro da lâmina.

2. **Raspar as células da bochecha:**

- Raspar suavemente o interior da bochecha de uma fêmea humana utilizando o lado plano de um palito de dentes. Isto irá recolher as células epiteliais bucais.

3. **Espalhar as células:**

- Espalhar o esfregaço oral na água sobre a lâmina.

4. **Corar as células:**

- Adicionar uma gota de corante azul de metileno (um corante vital) à lâmina. Esta coloração irá realçar os corpos de Barr.

5. **Montar a lamela:**

- Colocar uma lamela sobre a lâmina e selar as extremidades com tinta de unhas para evitar que a mancha seque.

6. **Observar ao microscópio:**

- Utilizar um microscópio de luz para observar as células epiteliais escamosas.
- Focalizar o núcleo da célula em alta potência para observar o corpo de Barr.

7. **Repetir para o Controlo**:

- Repetir o mesmo procedimento com o esfregaço oral de estudantes do sexo masculino para servir de controlo.

Observação

Corpo de Barr: Um corpo de coloração escura logo abaixo da membrana nuclear em cerca de metade das células. Este é o corpo de Barr, que não está presente em todas as células, mas em cerca de metade das células das fêmeas.

Inferência

A presença de corpos de Barr indica a presença de cromossomas X inactivos, o que é essencial para compreender a cromatina sexual e a compensação de dosagem nas fêmeas.

Fonte: https://youtu.be/hLt884HV8bE

EPITÉLIO BUCAL (CORPO DE BARR)

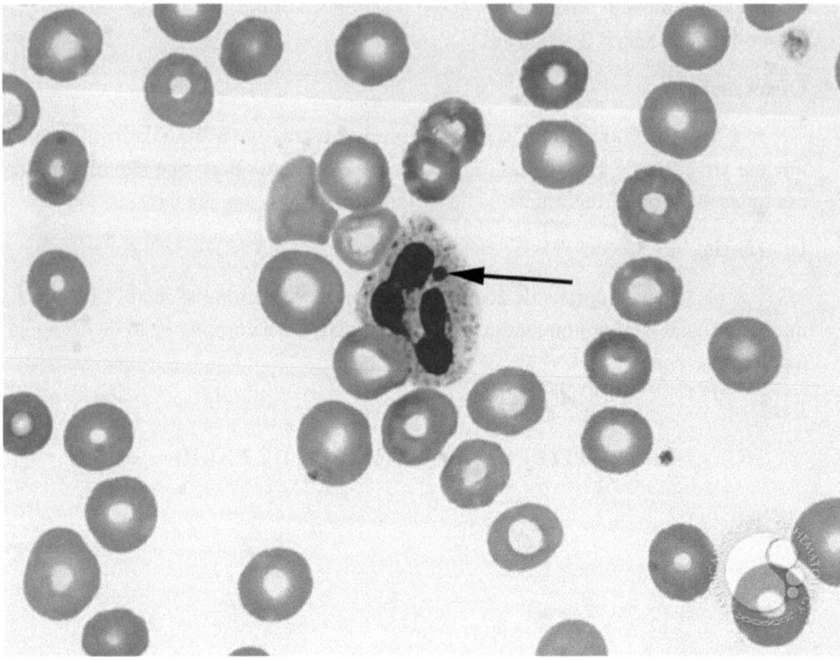

XX female	X ← active X • ← Barr body
XY male	X ← active X (the only X) Y
XXY male (Klinefelter)	X ← active X Y • ← Barr body
XXX female (triple X)	X ← active X • • ← Barr bodies

PRÁTICAS MENORES

2.1. COLORAÇÃO E OBSERVAÇÃO DE CROMOSSOMAS POLITÉNICOS EM GLÂNDULAS SALIVARES DE LARVAS DE CHIRONOMUS

AIM

Para coloração e observação de cromossomas politénicos nas glândulas salivares de larvas de Chironomus.

MATERIAIS NECESSÁRIOS

Acetocarmina e acetoorceína, lâmina e vidro de cobertura, óleo de imersão, lente de aumento ou microscópio de dissecação, pinça e conta-gotas, papéis para blotting.

PROCEDIMENTO DE COLORAÇÃO

Com base nos resultados de pesquisa fornecidos, eis os passos fundamentais para a coloração e observação de cromossomas politénicos nas glândulas salivares de larvas de Chironomus:

1. Recolher larvas frescas de Chironomus no seu habitat natural, como charcos de água estagnada
2. Dissecar as larvas sob uma lente de aumento ou um microscópio de dissecação para isolar as glândulas salivares
3. Colocar as glândulas salivares numa lâmina de vidro e adicionar algumas gotas de corante de acetilcarmina ou acetoorceína
4. Colocar cuidadosamente uma lamela na lâmina e bater algumas vezes com a pinça para espalhar as células
5. Remover o excesso de corante dos bordos da lamela

OBSERVAÇÃO MICROSCÓPICA

1. Examinar a lâmina com uma ampliação de 10x para localizar as células das glândulas salivares que contêm os cromossomas politénicos
2. Observar os cromossomas politénicos sob grande ampliação (40x, 100x)
3. Os cromossomas politénicos aparecem como bandas escuras alternadas e bandas intermédias ligeiramente coradas.
4. As bandas escuras contêm mais ADN e menos ARN, enquanto as bandas intermédias contêm mais ARN e menos ADN.
5. Podem ser visíveis regiões alargadas denominadas "puffs", que indicam locais de transcrição genética ativa.

6. As fibras de cromatina dos puffs podem formar laços laterais chamados "anéis de Balbiani", que são locais de síntese ativa de ARN

Fonte: **https://youtu.be/mh7i3nhzXzk**

CROMOSSOMAS POLITÉNICOS EM GLÂNDULAS SALIVARES DE LARVAS DE CHIRONOMUS

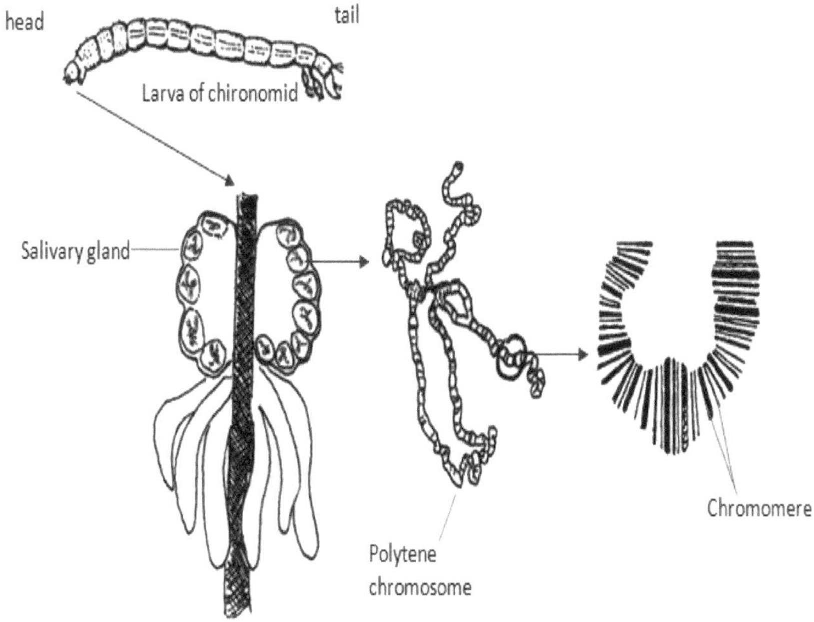

2.2. CARIOTIPAGEM (COM O AUXÍLIO DE FOTOGRAFIAS) - CARIÓTIPOS MASCULINOS E FEMININOS NORMAIS E ESTUDO DOS CARIÓTIPOS DE DIFERENTES SÍNDROMES GENÉTICOS.

AIM

Para detetar anomalias cromossómicas, ajudando assim a diagnosticar doenças genéticas, alguns defeitos congénitos e certas doenças do sangue e do sistema linfático.

CARIÓTIPOS NORMAIS

- Um cariótipo humano normal contém 46 cromossomas, incluindo 22 pares de autossomas e 1 par de cromossomas sexuais.
- As mulheres têm um cariótipo normal de 46,XX, com dois cromossomas X.
- Os homens têm um cariótipo normal de 46,XY, com um cromossoma X e um Y.

CARIÓTIPOS DE SÍNDROMES GENÉTICAS

Síndrome de Down (Trissomia 21):

- Causada por uma cópia extra do cromossoma 21 (47,XX,+21 ou 47,XY,+21).
- Resulta em deficiência intelectual e caraterísticas físicas próprias.

Síndrome de Turner:

- Mulheres com apenas um cromossoma X funcional (45,X).
- Provoca baixa estatura, insuficiência ovárica e outras anomalias do desenvolvimento.

Síndrome de Klinefelter:

- Homens com um cromossoma X extra (47,XXY).
- Provoca hipogonadismo, infertilidade e dificuldades de aprendizagem.

Síndrome de Cri-du-chat:

- Delecção parcial do braço curto do cromossoma 5 (46, XX,5p- ou 46, XY,5p-).
- Caracteriza-se por deficiência intelectual, atrasos no desenvolvimento e um grito agudo semelhante ao de um gato.

CARIÓTIPOS DE DIFERENTES SÍNDROMES GENÉTICAS.

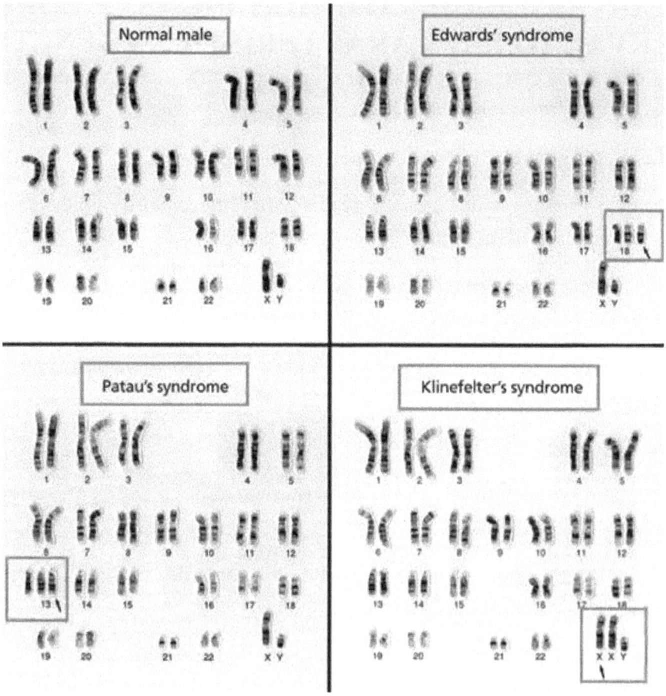

2.3. VERIFICAÇÃO DAS LEIS MENDELIANAS DA HEREDITARIEDADE COM MISSANGAS COLORIDAS. OBSERVAÇÃO DAS CARACTERÍSTICAS GENÉTICAS.

As missangas coloridas podem ser utilizadas como uma atividade prática para demonstrar e verificar as leis de Mendel sobre a hereditariedade:

1. **Lei da Dominância:**

- Utilize duas missangas de cores diferentes para representar os alelos dominantes e recessivos (por exemplo, missangas vermelhas e brancas).
- Combine uma conta vermelha (alelo dominante) e uma conta branca (alelo recessivo) para representar um genótipo heterozigótico.
- A "descendência" resultante apresentará toda a cor vermelha dominante, verificando a lei da dominância.

2. **Lei da Segregação:**

- Comece com um genótipo homozigótico (por exemplo, todas as missangas vermelhas).
- "Reproduzir" selecionando aleatoriamente uma conta do "pai" para representar cada gâmeta.
- A "descendência" apresentará uma proporção de 1:1 de pérolas vermelhas e brancas, demonstrando a segregação de alelos durante a formação do gâmeta.

3. **Lei do sortimento independente:**

- Utilize dois conjuntos de cores de missangas para representar duas caraterísticas diferentes (por exemplo, vermelho/branco e azul/amarelo).
- Combinar as pérolas para representar um cruzamento di-híbrido (por exemplo, vermelho-azul, vermelho-amarelo, branco-azul, branco-amarelo).
- A "descendência" apresentará um rácio fenotípico de 9:3:3:1, verificando a variedade independente das duas caraterísticas.

HERANÇA COM MISSANGAS COLORIDAS. OBSERVAÇÃO SOBRE AS CARACTERÍSTICAS GENÉTICAS.

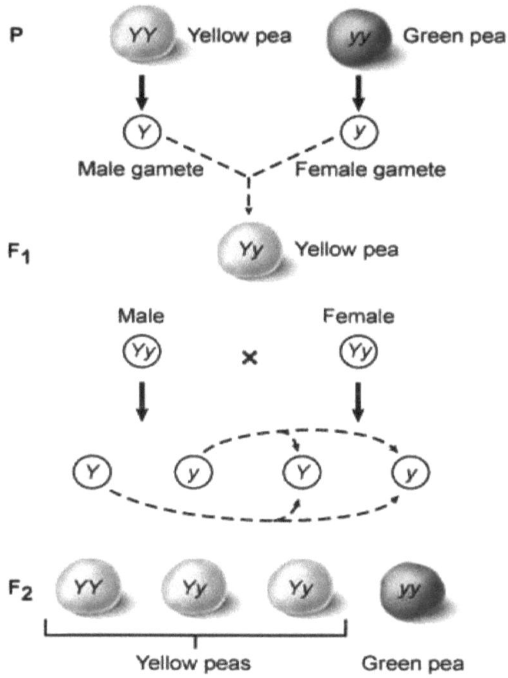

PULVERIZADORES

ESTUDO DE PELO MENOS CINCO TIPOS DE DROSÓFILAS MUTANTES

Os genes ebony e yellow em *Drosophila melanogaster* desempenham papéis cruciais na determinação da cor do corpo e dos padrões de melanina. Aqui está um resumo das suas funções e efeitos:

3.1. MUTANTE DA COR DO CORPO

a) MUTANTES DO ÉBANO

- Os mutantes do ébano, como o ébano1 (e1), bloqueiam a produção do pigmento amarelo de esclerotina NBAD.
- Nos mutantes de ébano, há mais dopamina disponível para produzir melaninas pretas e castanhas, resultando numa cutícula escura e fortemente melanizada.
- Os mutantes ebony têm um aumento de temperatura de cerca de 0,6°C ± 0,2°C em comparação com as moscas de tipo selvagem quando expostas à luz, devido à sua pigmentação mais escura.

b) MUTANTES AMARELOS

- Os mutantes amarelos, como o yellow1 (y1), não conseguem produzir melanina negra.
- Os mutantes amarelos têm uma cutícula pigmentada apenas com melanina castanha e esclerotina NBAD amarela, resultando numa cor corporal mais clara.
- Os mutantes amarelos têm um aumento de temperatura de cerca de 0,6°C ± 0,2°C menos em comparação com os mutantes de ébano quando expostos à luz, devido à sua pigmentação mais clara.

c) MUTANTE DE ASAS CURVAS

Base genética

- A mutação **Curly** (Cy) é uma caraterística dominante localizada no segundo cromossoma.
- Faz com que as asas se dobrem para cima, criando um aspeto enrolado caraterístico.
- A mutação está associada a duas grandes inversões no cromossoma e é conhecida por ser letal na forma homozigótica, o que significa que os indivíduos com duas cópias do alelo encaracolado não sobrevivem.
-

d) MUTANTE DE ASA VESTIGIAL

Base genética

- A mutação **Vestigial** (vg) é outro mutante de asa que resulta numa redução significativa do tamanho da asa ou na ausência completa de asa. Também está localizada no segundo cromossoma e é recessiva.

e) MUTANTE DA COR DOS OLHOS

Bar Eye Mutant

- A mutação Bar (B) é uma mutação dominante localizada no cromossoma X que faz com que os olhos sejam reduzidos em tamanho e em forma de rim.
- A Bar é causada por um rearranjo cromossómico e apresenta um efeito de posição, em que a cor dos olhos é variável.

Mutante de olho branco

- O gene branco (w) está localizado no cromossoma X e é necessário para a produção de pigmentos oculares vermelhos e castanhos (pteridinas e omocromos).
- Os mutantes brancos têm olhos brancos devido à falta dos pigmentos pteridina e omocromo.
- O branco é normalmente utilizado como marcador visível para a transformação genética em insectos.

Mutante de olho sépia

- O gene sepia (se) está localizado no terceiro cromossoma e é necessário para a produção de pigmentos ommocromos castanhos.
- Os mutantes sépia têm olhos de cor sépia (castanha) devido à falta de pigmentos castanhos, enquanto os pigmentos vermelhos de pteridina ainda estão presentes.

CINCO TIPOS DE DROSÓFILAS MUTANTES

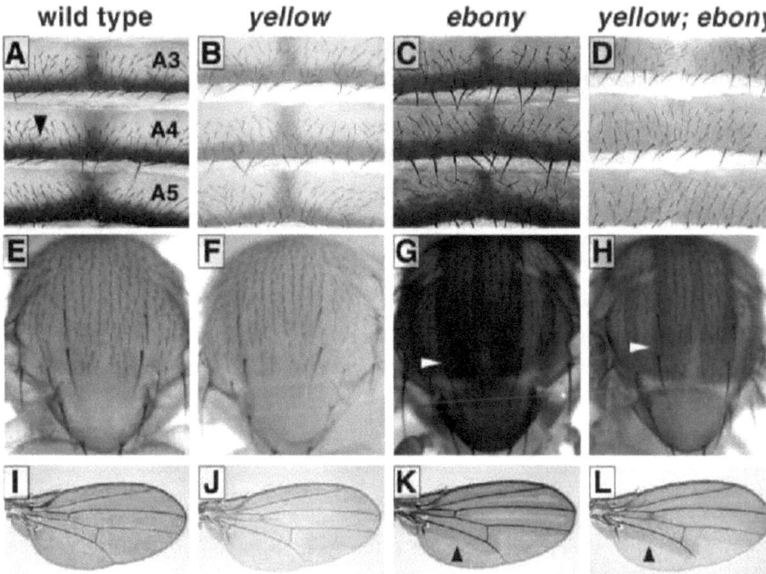

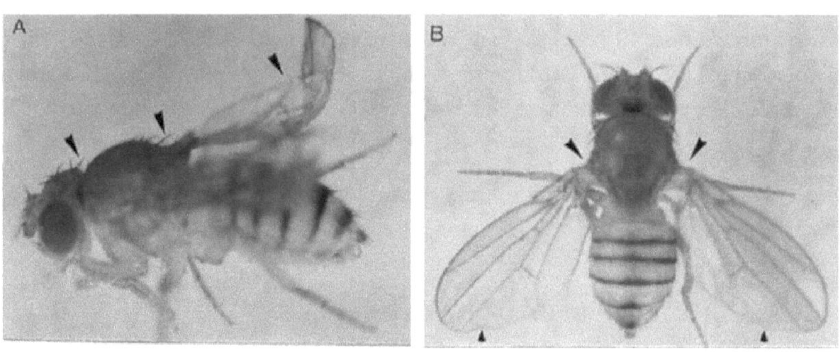

3.2. TIPOS DE MICRÓTOMOS, SECCIONAMENTO DE BLOCOS DE PARAFINA. COLORAÇÃO DAS SECÇÕES DE PARAFINA.

TIPOS DE MICRÓTOMOS

1. **Micrótomo rotativo**: Este é o micrótomo mais utilizado na histopatologia de rotina. Funciona através da rotação de um suporte de amostras em direção a uma lâmina fixa, permitindo o corte preciso de tecidos incluídos em parafina com espessuras que variam entre 1 e 60 µm. O tecido deve ser adequadamente endurecido através de desidratação e inclusão em parafina antes de ser seccionado.

2. **Micrótomo Criostato**: Este tipo de micrótomo é utilizado para secções criogénicas, em que os tecidos ricos em água são rapidamente congelados e cortados num ambiente controlado. Este método é significativamente mais rápido do que a histologia tradicional, permitindo a preparação de secções em cerca de 15 minutos. É particularmente útil para preservar a composição química dos tecidos para imunohistoquímica.

3. **Micrótomo vibratório**: Este instrumento utiliza uma lâmina vibratória para cortar secções sem a necessidade de embeber o tecido num meio endurecedor. É adequado para cortes mais espessos (>50 µm) e é frequentemente utilizado em técnicas de imagiologia volumétrica como a microscopia confocal.

4. **Ultramicrótomo**: Concebidos para a preparação de secções ultra-finas (60-100 nm) para microscopia eletrónica, os ultramicrótomos utilizam facas de vidro ou de diamante. Estas secções são coradas com sais de metais pesados para observação num microscópio eletrónico de transmissão.

5. **Micrótomo Sledge**: Este micrótomo possui um suporte fixo que se move através de uma faca, permitindo o corte de amostras maiores. É menos comum, mas ainda é utilizado para aplicações específicas.

SECCIONAMENTO DE BLOCOS DE PARAFINA

1. **Preparação de tecidos**: Os tecidos são fixados, desidratados e limpos antes de serem incorporados em parafina derretida. Uma vez arrefecida, a parafina forma um bloco sólido à volta do tecido.

2. **Corte**: O bloco de parafina é então montado num micrótomo, onde é cortado em secções finas. A espessura pode variar consoante o tipo de micrótomo utilizado e os requisitos da análise, normalmente entre 2 e 50 µm.

3. **Montagem:** As secções são montadas em lâminas de microscópio para processamento posterior.

COLORAÇÃO DE SECÇÕES DE PARAFINA

1. **Desparafinização**: As secções são tratadas com xileno ou solventes semelhantes para remover a parafina.

2. **Re-hidratação**: As secções são então re-hidratadas através de uma série de soluções alcoólicas graduais.

3. **Coloração**: Podem ser utilizadas várias técnicas de coloração, como a hematoxilina e a eosina (H&E), que realçam diferentes componentes celulares, permitindo um exame pormenorizado ao microscópio.

4. **Desidratação e montagem**: Finalmente, as secções são novamente desidratadas e montadas com uma lamela para observação.

ROTARY MICROTOME

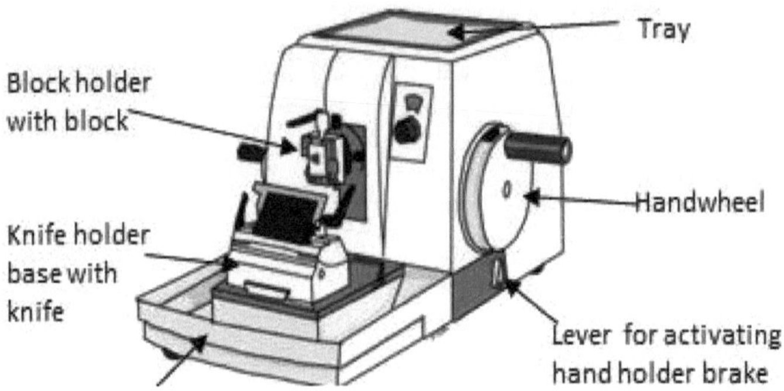

3.3. PRINCÍPIO E MÉTODOS DE COLORAÇÃO COM HEMATOXILINA E EOSINA

O princípio subjacente à coloração H & E é a atração química entre o tecido e o corante. **A hematoxilina**, um corante básico, confere um contraste azul-púrpura às estruturas basófilas, principalmente às que contêm grupos de ácidos nucleicos, como a cromatina, os ribossomas e as regiões citoplasmáticas ricas em ARN. A eosina ácida contrasta os elementos básicos, como as hemácias, o citoplasma, o músculo e o colagénio, em intensidades variáveis de rosa, laranja e vermelho.

Princípio da coloração H&E

- **Hematoxilina**: Este corante básico cora principalmente os ácidos nucleicos, conferindo uma cor azul-púrpura aos núcleos das células. Liga-se a estruturas ácidas dentro da célula, como o ADN e o ARN, devido à sua carga positiva.

- **Eosina**: A eosina, um corante ácido, cora o citoplasma e a matriz extracelular, resultando em diferentes tonalidades de rosa, laranja e vermelho. Interage com proteínas básicas, destacando estruturas como glóbulos vermelhos e colagénio.

Métodos de coloração H&E

1. **Desparafinização**: As secções de tecido são aquecidas para remover a cera de parafina, seguida de tratamento com xileno.

2. **Hidratação**: As secções são re-hidratadas através de uma série de banhos de álcool (100%, 90%, 80%, 70%) e enxaguadas em água.

3. **Coloração nuclear**: As secções são coradas com hematoxilina durante 3-5 minutos, sendo depois enxaguadas em água corrente da torneira até se desenvolver uma cor azul.

4. **Diferenciação**: O excesso de hematoxilina é removido mergulhando as secções numa solução de álcool ácido a 1% durante alguns segundos.

5. **Branqueamento**: As secções são lavadas em água da torneira e depois tratadas com água com amoníaco para realçar a cor azul.

6. **Coloração de contraste**: A eosina Y é aplicada durante cerca de 10 minutos, seguida de outro enxaguamento em água da torneira.

7. **Desidratação e descoloração**: As secções são desidratadas através de concentrações crescentes de álcool e clareadas em xileno.

8. **Montagem:** Finalmente, as lâminas são montadas utilizando um meio adequado para o exame microscópico.

Resultados e interpretação

- Núcleos: Azul ou púrpura escuro
- Citoplasma: Rosa ou rosa arroxeado
- Fibras musculares: vermelho escuro
- Glóbulos vermelhos: Vermelho-alaranjado
- Colagénio: Vários tons de cor-de-rosa

3.4. SLIDES DE ESPERMA E ÓVULO DE MAMÍFEROS.

Espermatozóides de mamíferos Slides

- Os espermatozóides dos mamíferos são gâmetas minúsculos, microscópicos, flagelados e móveis, sem material nutritivo ou invólucro protetor.

- Estão disponíveis lâminas preparadas para microscópio de esfregaços de esperma de mamíferos que mostram as caraterísticas das células espermáticas.

- Estes diapositivos são úteis para as salas de aula de biologia para explorar a relação estrutura-função dos espermatozóides de acordo com as normas NGSS.

- As lâminas são coradas e preparadas profissionalmente, com as células espermáticas orientadas e caracterizadas com base na direção da curvatura da cauda em relação à linha média da cabeça.

- Medidas como a amplitude da forma de onda, o deslizamento dos microtúbulos e a curvatura podem ser extraídas do flagelo do espermatozoide para estudar a hipótese do "filamento deslizante" da motilidade do espermatozoide.

Estrutura do óvulo dos mamíferos

- O óvulo dos mamíferos é um gâmeta esférico, não móvel, com uma grande quantidade de citoplasma.

- O citoplasma é diferenciado em um exoplasma externo, menor e transparente (ou córtex do ovo) e um endoplasma interno, maior e opaco (ou ooplasma).

- O núcleo do óvulo é grande e de posição excêntrica, denominado vesícula germinativa. Isto confere ao óvulo polaridade, com o pólo animal contendo o núcleo e o corpo polar, e o pólo vegetal oposto.

- O óvulo está rodeado por várias camadas de membranas:

- Membrana primária: Zona pelúcida, segregada pelo próprio ovo

- Membrana secundária: Corona radiata, fornecida pelas células do folículo ovariano

- Membrana terciária: Secretada pelo trato reprodutivo, não está presente nos mamíferos

- O óvulo contém gema (material nutritivo) sintetizada através do processo de vitelogénese, composta principalmente por proteínas e fosfolípidos.

ESPERMA E ÓVULO DE MAMÍFEROS

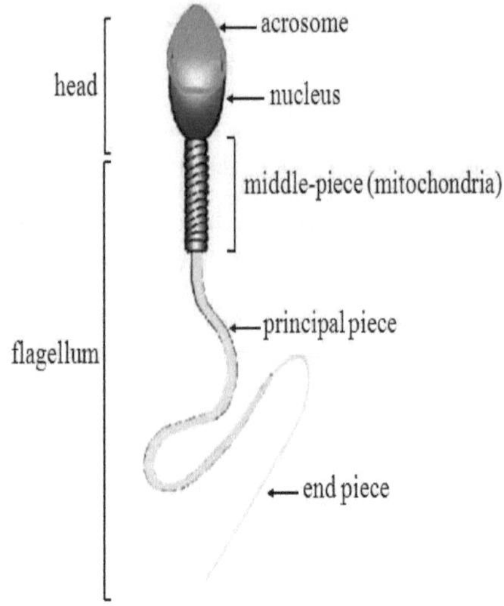

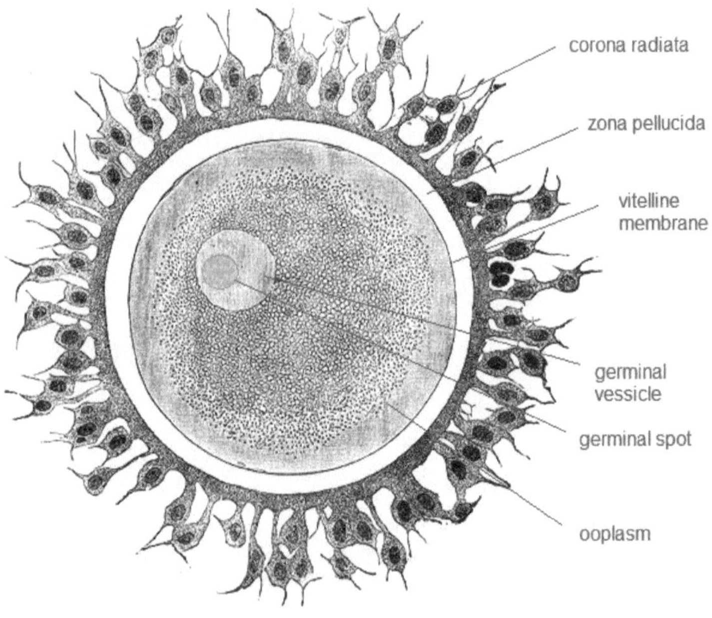

3.5. ESTUDO DE VÁRIAS RAÇAS DE POEDEIRAS E FRANGOS DE CARNE (FOTOGRAFIAS)

Raças de poedeiras

1. Chifre-de-boi branco:
- Conhecida pela sua elevada produção de ovos.
- Produz ovos brancos.
- Adaptável a vários ambientes.
2. Rhode Island Red:
- Raça resistente com boa capacidade de postura.
- Produz ovos castanhos.
- Conhecida pela sua resiliência e capacidade de se desenvolver em diferentes condições.
3. Australorp:
- Excelentes poedeiras, produzem grandes ovos castanhos.
- Conhecidos pelo seu temperamento calmo e capacidade de adaptação.
4. Plymouth Rock:
- Raça de dupla finalidade, boa tanto para ovos como para carne.
- Produz ovos castanhos de tamanho médio.
5. Sussex:
- Conhecida pela elevada produção de ovos e pela boa qualidade da carne.
- Produz grandes ovos castanhos.

Raças de frangos de carne

1. Cruz da Cornualha:
- A raça mais comum de frangos de carne, conhecida pelo seu rápido crescimento.
- Atinge o peso de mercado em cerca de 6-8 semanas.
- Tem um peito largo e uma elevada eficiência de conversão alimentar.
2. Ranger Vermelho:
- Conhecida pela sua rusticidade e adaptabilidade aos sistemas de criação em liberdade.
- Cresce mais lentamente do que a Cornish Cross mas tem melhor sabor.
3. Cobb 500:
- Um frango de carne comercial popular conhecido pelo seu crescimento eficiente e rendimento de carne.
- Atinge rapidamente o peso de mercado e tem um bom rácio de conversão alimentar.
4. Ross 308:
- Outra raça comercial de frangos de carne muito utilizada.
- Conhecido pelo seu crescimento rápido e pela elevada qualidade da sua carne.
5. CARIBRO Dhanraja:
- Frango de cor desenvolvido para climas tropicais.

- Conhecida pela sua plumagem atractiva e pela boa qualidade da sua carne.

POEDEIRAS E FRANGOS DE CARNE (FOTOGRAFIAS)

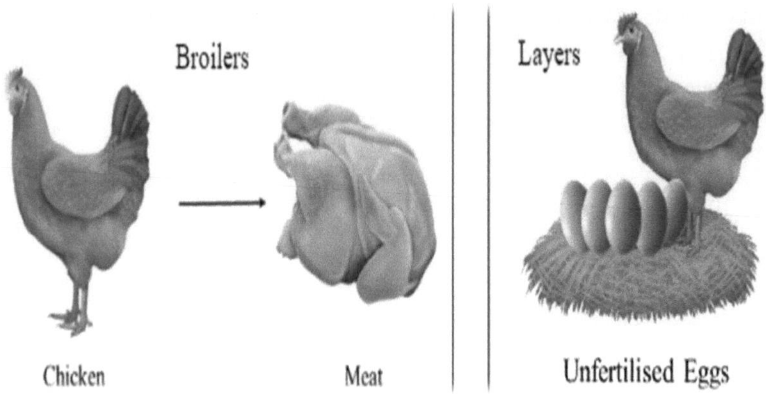

3.6. LÂMINAS DE DIFERENTES ESTÁDIOS DE DESENVOLVIMENTO DO EMBRIÃO DE PINTO: 24 HORAS, 48 HORAS, 72 HORAS E 96 HORAS

24 horas (1 dia)

- A linha primitiva torna-se distinta, caracterizando o embrião como estando na fase da linha primitiva.
- A linha primitiva representa o futuro eixo longitudinal do embrião.
- O sulco neural e as pregas neurais começam a formar-se na região anterior.
- Os somitos começam a desenvolver-se, com 8-10 pares presentes em 24 horas.
- A prega da cabeça e o intestino anterior também começam a formar-se.

48 horas (2 dias)

- O embrião tem 26-28 pares de somitos.
- O sulco neural fechou-se para formar o tubo neural na região da cabeça, desenvolvendo-se no prosencéfalo.
- O coração e o sistema circulatório estão bem desenvolvidos, com o coração a bater.
- O alantoide, que mais tarde servirá como órgão respiratório do embrião, começa a formar-se.
- Os botões dos membros para as asas e as pernas são visíveis.

72 horas (3 dias)

- O embrião tem 30-35 pares de somitos.
- O cérebro é ainda diferenciado em prosencéfalo, mesencéfalo e rombencéfalo.
- Os olhos, as orelhas, o nariz e o bico estão a desenvolver-se.
- Os membros são mais desenvolvidos, com dígitos a aparecer nas asas e nos pés.
- O embrião sofre uma torção e deita-se sobre o lado esquerdo, com a cabeça e a cauda muito próximas.

96 o nosso (4 dias)

- O embrião tem 40-43 pares de somitos. O cérebro está bem formado, com os hemisférios cerebrais, os lobos ópticos, o cerebelo e a medula oblonga distintos.
- São visíveis os germes e os tractos das penas.
- O corpo do embrião está quase completamente envolvido pelo âmnio.
- O alantoide continua a crescer e funde-se com o córion para formar a membrana corio-alantóica, que funcionará na respiração e na eliminação de resíduos

EMBRIÃO DE PINTO: 24 HORAS, 48 HORAS, 72 HORAS E 96 HORAS

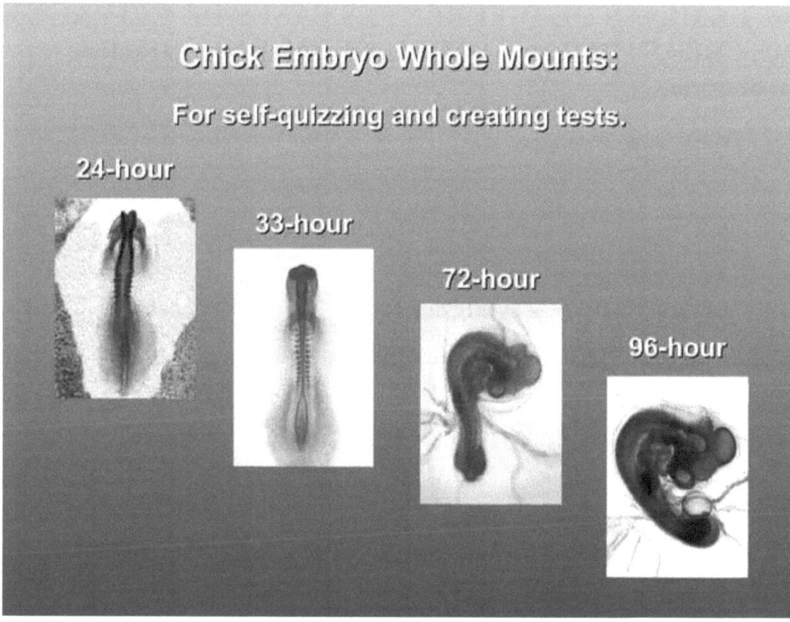

3.7. LÂMINAS DE DIFERENTES FASES DE CLIVAGEM BLÁSTULA, GÁSTRULA E MÓRULA DE RÃ.

Fase de mórula

- As células formadas pela clivagem são chamadas blastómeros.
- Os blastómeros pigmentados superiores são chamados micrómeros, enquanto os inferiores, de cor amarela, são macrómeros.
- Outras clivagens dividem os micrómeros mais rapidamente do que os macrómeros.
- A pressão mútua dos blastómeros achata as suas superfícies em contacto entre si.
- Nesta fase, o embrião adquire um aspeto semelhante a uma amora, daí o nome "mórula".

Fase de blástula

- A blástula tem uma cavidade cheia de líquido chamada blastocelo, localizada acima do equador numa posição excêntrica.
- A blastocelo está rodeada por dois tipos de blastómeros - micrómeros no pólo animal e macrómeros no pólo vegetal.
- A blástula é uma bola oca de células com uma cavidade cheia de líquido.

Estágio da gástrula

- Durante a gastrulação, formam-se as três camadas germinativas primárias (ectoderme, mesoderme e endoderme).
- O ectoderma é constituído por micrómeros e envolve o embrião.
- A endoderme está bem desenvolvida e internalizada.
- A mesoderme é formada a partir do teto do arquêntero (intestino primitivo) e do pavimento do arquêntero.
- Os macrómeros carregados de gema são empurrados em direção ao blastóporo, formando o tampão vitelino.

FASES DE CLIVAGEM

BLÁSTULA, GÁSTRULA E MÓRULA DE RÃ.

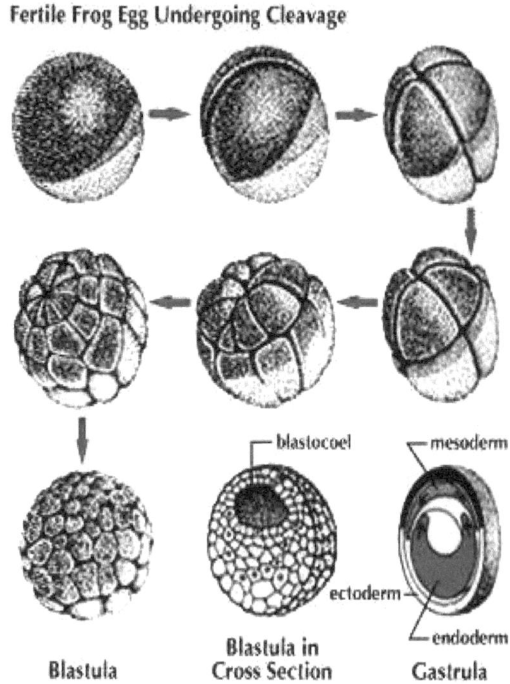

3.8..PLACENTA DE OVELHA E DE PORCO

PLACENTA DE OVINOS

- A placenta da ovelha é cotiledonar, o que significa que tem estruturas discretas semelhantes a botões, chamadas cotilédones, que são a parte fetal dos placentomas.
- Existem 70-100 cotilédones na placenta das ovelhas, variando o número e o tamanho consoante a idade materna e a raça.
- Os cotilédones são cobertos por trofoblasto e vilosidades fetais que se interdigitam com as carúnculas maternas para formar os placentomas.
- O córion intercotiledonar apresenta aréolas de absorção entre os cotilédones.
- A placenta da ovelha é epiteliocorial, com seis camadas de tecido que separam o sangue materno do sangue fetal.
- As placas sinciciais contendo 20-24 núcleos são extensas na placenta de ovelhas e persistem durante toda a gravidez.

PLACENTA DE PORCO

- A placenta do porco é difusa, o que significa que as vilosidades coriónicas estão distribuídas uniformemente por todo o córion.
- Os porcos têm uma placenta epiteliocorial como as ovelhas, com seis camadas de tecido entre o sangue materno e o fetal.
- A placenta do porco é menos invasiva do que a de outras espécies, com os tecidos maternos a permanecerem intactos.
- As vilosidades coriónicas da placenta de porco têm uma estrutura simples, com uma única camada de trofoblasto a cobrir as vilosidades.

PLACENTA DE OVINOS E SUÍNOS

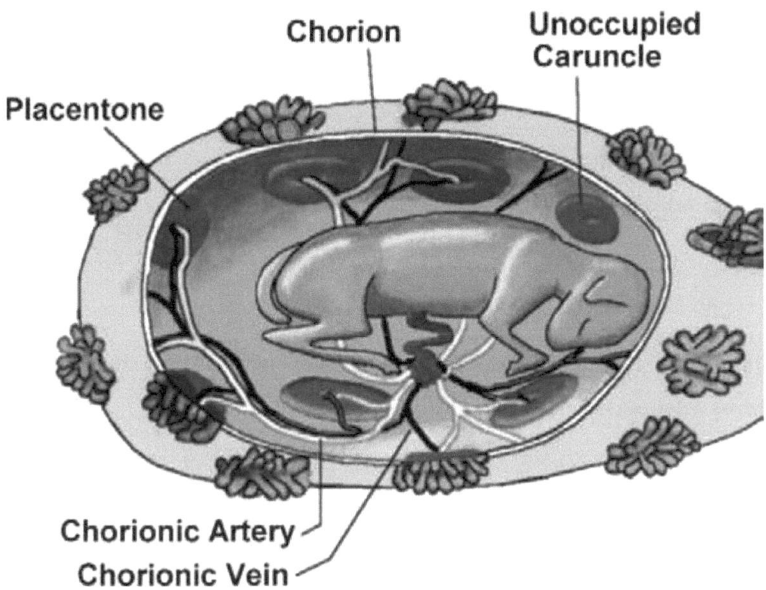

REFERÊNCIA

1. um manual de zoologia prática: Biodiversidade, Biologia Celular, Genética, Biologia do Desenvolvimento, Parte 1

Editado por Agarwal, V.K. e Agarwal, S.K. Publicado por Scientific Publishers, 2019ISBN: 978-93-88449-07-6

2. Manual prático de citogenética vegetal. Por Ram J. Singh Publicado por CRC Press, dezembro de 2017ISBN: 9781498742979

3. Manual de CITOLOGIA & GENÉTICA Cobre as componentes teóricas e práticas do módulo 1 e 2 do curso "Biologia Médica"

4. Manual de Laboratório de Biologia Celular por William H. Heid camp, Gustavus Adolphus College Financiado por NSF-DUE 9451132

5. MANUAL PRÁTICO DE BIOLOGIA DO DESENVOLVIMENTO Pelo Dr. K. Rama Rao, Professor Assistente, Diretor, Departamento de Zoologia, Universidade de Satavahana

6. Practical Manual on Plant Cytogenetics, Autor: Ram J. Singh. Editora: CRC Press. Data de publicação: dezembro de 2017.ISBN: 9781498742979

7. Citogenética e Melhoramento de Plantas. Instituição: Universidade Aberta de Uttarakhand, Código do curso: MSCBOT-5 Data de publicação: 2022

8. Cell biology - Ambrose E.J., and Dorothy M.E., (2002) ELBS Camlet press, Great Britain

9. Biologia celular e molecular - De Robertis e De Robertis. (204) WB Saunders Co., Philadelphia.

10. Molecular biology-David Freifelter (2005) publicado por N.K.Mehra para a editora Narosa, Nova Deli - 110 002.

11 Biologia molecular dos genes - James D. Watson, Tunia A. Baker, Stephen P. Bell, Alexander Gann, Michel Lavine e Richard Losick, edição de baixo preço

(2005) publicada por Dorling Kindersly (Índia) Pvt., Ltd., FIE, Patparganj, Nova Deli - 110 092.

12. Princípios de Genética - Eldon John Gardner.

13. biologia molecular do gene - James D. Watson.

14. Fundamentos de Genética Humana - S.M.Bhatnagar.

15. Princípios de Genética - Robert H. Tamarin.

16. Genética Humana - S.D.Ganga.

17. biologia celular - (7 Ed.,) - Tomar & Singh

18. Conceito de Genética (7 Ed.,) R.L. Kotpal

19. Citologia, Genética e Evolução (5 Ed.) P.K. Gupta

20 Citologia, Genética, Evolução e Ecologia (2 Ed.,) P.K. Gupta

21. citologia, genética, biotecnologia e bioestatística (2 Ed.,) P.K. Gupta

22.Genética (2 Ed.,) P.K.Gupta

23. Elementos de biotecnologia (3 Ed.,) P.K.Gupta

MIX
Papier aus verantwortungsvollen Quellen
Paper from responsible sources
FSC® C105338

Printed by Books on Demand GmbH, Norderstedt / Germany